XIAOGUO
XIAOZAO

本书编委会 编

新疆科学技术出版社

图书在版编目（CIP）数据

小锅小灶 / 本书编委会编 .——乌鲁木齐：新疆科学
技术出版社，2022.5（知味新疆）

ISBN 978-7-5466-5197-2

Ⅰ.①小…Ⅱ.①本…Ⅲ.①饮食—文化—新疆—普及
读物Ⅳ.① TS971.202.45-49

中国版本图书馆 CIP 数据核字 (2022) 第 114151 号

选题策划　唐　辉　张　莉
项目统筹　李　雯　白国玲
责任编辑　顾雅莉
责任校对　牛　兵
技术编辑　王　玺
设　　计　赵雷勇　陈　上　邓伟民　杨筱童
制作加工　欧　东　谢佳文

出版发行　新疆科学技术出版社
地　　址　乌鲁木齐市延安路 255 号
邮　　编　830049
电　　话　(0991) 2870049　2888243　2866319（Fax）
经　　销　新疆新华书店发行有限责任公司
制　　版　乌鲁木齐形加意图文设计有限公司
印　　刷　北京雅昌艺术印刷有限公司
开　　本　787 毫米 ×1092 毫米　1 / 16
印　　张　7.75
字　　数　124 千字
版　　次　2022 年 8 月第 1 版
印　　次　2022 年 8 月第 1 次印刷
定　　价　39.80 元

丛书编辑出版委员会

顾　　问　　石永强　韩子勇

主　　任　　李翠玲

副主任（执行）　唐　辉　孙　刚

编　　委　　张　莉　郑金标　梅志俊　芦彬彬　董　刚

　　　　　　刘雪明　李敬阳　李卫疆　郭宗进　周泰瑢

　　　　　　孙小勇

作品指导　　鞠　利

出品单位

新疆人民出版社（新疆少数民族出版基地）

新疆科学技术出版社

新疆雅辞文化发展有限公司

目　录

人类舌尖的记忆是最顽固的。

尝过再多美味,唯有对儿时味道念念不忘。

一茶一饭,小锅小灶里的寻常食物,凝聚着父亲的关爱和母亲的深情,于是有了温暖人心、穿透岁月的力量。

它是我们走得更远的底气。

越是成长、离开,就越是眷念、回望。

灵鸟献瑞

扁豆面旗子

一碗汤饭，似春华秋实、五谷丰登的一季好粮，也似色彩缤纷、人寿年丰的幸福生活。

一种风味的流行，会受不同地域、民俗等各种因素的影响，
这再寻常不过。

即便同样的吃食，在不同的时节、天气里，也会有不同的
滋味。

在冬天，新疆人比较偏爱一种传统的回族人常做的美
食——扁豆面旗子。制作这种汤饭用到的细小面片，要切
成形如旗帜一般的菱形，这可能是它得名"面旗子"的原因。

把这些面片与扁豆一起煮熟后，加上臊子，便可以就汤而食。浓浓的胡椒味，是其独特风味的一部分。

今年，是马阿英社来新疆的第二十二个年头。

她在首府乌鲁木齐的南门附近，经营着一家扁豆面旗子店。

制作扁豆面旗子，是回族女孩出嫁前必须学会的手艺，新媳妇过门，给婆家做一顿面旗子的考验不可或缺，这是流传已久的传统。

马阿英社也没想到，这门手艺成了她谋生的手段，家常的美味也从寻常人家走进了城市生活。

早上九点刚过，马阿英社就来到蔬菜市场，去采购最新鲜的食材。保证面旗子的口味纯正，是生意长久兴隆的关键。

制作扁豆面旗子方法简单，但想要拥有出色的口感，还需要用时间来沉淀。

扁豆要在温水中浸泡四小时左右，才会软化至一定程度；汤色鲜亮的牛骨头汤，要经过好几个小时的熬制，才能保证牛骨及骨髓中的营养彻底融入；用羊肉丁、土豆丁、西红柿丁炒制臊子，放入的先后顺序、放入量的多少，都要考验眼力及掌握火候的功夫。

准备
食材

小锅小灶
XIAOGUO XIAOZAO

制作
过程

做一碗鲜香十足的扁豆面旗子，细节很重要。

每到周末，马阿英社一家人都会聚在一起，检验她的手艺。

美味的食物，在寒冬里温暖着家人的肠胃。

在每段美好的回忆里，都温暖人心。

这或许才是美食的真谛。

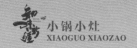

扁豆面旗子属于新疆汤饭的一种。

汤饭一词，出自于《元朝秘史》卷十。在传统相声里，有
一个关于"汤饭"，叫《珍珠翡翠白玉汤》的经典段子，讲
的是明朝开国皇帝朱元璋有一次吃了败仗，和队伍走散，
饿得前胸贴后背。一个路过的乞丐见他可怜，就找来一些
剩饭，和着烂白菜和碎豆腐炖了一大锅给他吃。朱元璋狼
吞虎咽地吃完后觉得味道十分鲜美，就问乞丐这是什么美
食。乞丐顺口答道"珍珠（剩米饭）翡翠（白菜）白玉（豆
腐）汤"，朱元璋暗暗记在了心里。

没过几年，朱元璋当了皇帝，每天山珍海味吃腻了，心心念念着当年的"珍珠翡翠白玉汤"，可几十个御厨，没有一个人能做得出来他想念的味道。没有办法，朱元璋只好贴出皇榜，四处寻找当年的乞丐。功夫不负有心人，终于找到了那个乞丐，朱元璋赶紧让他再做一次"珍珠翡翠白玉汤"。这次不光自己喝，朱元璋还召集所有的大臣，打算一同品尝美味。于是，乞丐就找来一大堆剩饭、烂白菜，炖了一大锅，一人一大碗。朱元璋一口喝下去，差点没吐出来，可大话已经说出去了，只好说"好喝！众爱卿都趁热喝吧！"皇帝一言九鼎，众大臣也只好捏着鼻子吞下去，还竖起大拇指说："好喝，真是天下第一汤！"自此，这种"汤饭"的叫法也随着这个故事在百姓中广为流传。

新疆的汤饭则与米饭毫无关系，而是源于山西用汤煮的面食。

其实，汤饭原指用汤熬煮的米饭，最早因为食物欠缺，人们用剩饭与其他粗粮、野菜等，混合熬煮。

新疆的汤饭则与米饭毫无关系，而是源于山西用汤煮的面食。古人云："十五国风晋最俭。"起初山西人做汤饭，一是为了节俭；二是由于他们"无面不足，无馍不饱"的饮食习惯；三是由于山西大部分地区长年干旱，百姓们日出而作日落而息，少有饮水啜茗的条件，全靠吃饭时一并补充汤水。因此当地人逐渐形成了"喜汤食"的习俗，民间亦有"吃饭先喝汤"的说法。

后来，人们越来越喜食汤饭，妇女们也通过自己的慧心巧手，粗粮细作，细粮精制，制作出或稠或稀，或剔或揪，或擀或压，或拨或擦的上百种用汤煮制的面食来，以至于很多人至今相见，开口还是会先问"喝了没有"，显示出了浓郁鲜明的地域特色。山西人在有长有短，有宽有窄，有粗有细，有厚有薄，有大有小，有软有硬的面食中，加入具有地方特色的浇头、佐料。闻一闻浓香四溢，吃一吃更是风味别具。

据《乌鲁木齐文史资料》记载，清朝末年，山西人季登魁在乌鲁木齐开设了一处专供驼队住宿的骆驼场，客栈、饭馆一应俱全。经商的驼队都会在那里吃饭、住宿。随着络绎不绝的骆驼客的口耳相传，山西系列面食也随之兴起，汤饭也是从那时起慢慢地流传开来。当然，这也与新疆独特的地域文化相关。

"南稻北麦"的格局，造就了北方的面食文化。新疆全年日照时间长达 2500~3500 小时，平均昼夜温差超过 15 摄氏度，产出的面粉口感筋道鲜香。经过和面、揉面、摊面、擀面、切面、下面等一系列操作后，面食久煮而不烂，入口软滑。除了使用面粉有讲究外，新疆的牛羊肉、西红柿、土豆、胡萝卜及其他时令蔬菜也是汤饭中的不可或缺之物。最后，佐以地产的辣皮子、胡椒粉之类的调味品，这样做出来的汤饭口感酸辣，味道鲜美，百吃不腻。

作家贾平凹有一句描写汤饭的话是"汤宽辣子旺",意思就是做汤饭的汤要多,还得多加辣子。由于面片容易吸收汤汁,如果汤不够多,汤饭会变稠变软,不仅面片口感不好,也享受不到汤汁的美味。因此,在制作汤饭时,面食和配菜都不宜过多,既保证了汤汁的浓稠度,也是为了让食客尽量能一次吃完,不剩饭。

新疆人的汤饭品种十分丰富,是带汤面食的统称。如果按面型的制作工艺区分,把面揪成片状的叫揪片子汤饭,拉成略粗于火柴棍的圆柱状的叫炮仗子汤饭(也叫二节子汤饭),切成绿豆大小的碎块叫面旗子汤饭。

此外，还有芋芋子汤饭、拨鱼子汤饭、拨刀子汤饭、搓鱼子汤饭、寸寸子汤饭、杏皮子汤饭、香头子汤饭、手擀面汤饭、刀削面汤饭等。以按汤饭里加入的配菜不同而称呼的，有豆豆汤饭（用吐鲁番出产的一种豆子，流行于吐鲁番地区）、粉条汤饭、粉块汤饭、恰玛古汤饭、羊肉汤饭、野蘑菇汤饭、野蘑菇丁丁汤饭、面肺子汤饭等。

不知道从什么时候开始，新疆人喜欢上了汤饭。也许是因为农民每天都忙于农活，做饭的时间本就不多，汤饭这种美食集主食、肉、汤、菜为一体，只要随便操弄一下就能吃。因此在新疆，无论南疆北疆，不管城市乡村，这种朴实无华的大众饭食，都是老少皆宜的家常美味。

汤饭，在汤汤水水间，将荤素、营养合理搭配，成为许多新疆家庭餐桌上出镜率很高的一道主食。千百年来，人们对汤饭的感情除了它自身的美味外，更多的是用味蕾记住的一段经历。

千百年来，人们对汤饭的感情除了它自身的美味外，更多的是用味蕾记住的一段经历。

在寒冷的冬天来一碗汤饭，身体会迅速地暖和起来；在炎热的三伏天来一碗汤饭，则会犹如运动后出一身透汗般爽快舒服。豪爽的新疆汉子，在一场豪饮之后，再来一小碗汤饭，既解酒，又养胃。体能积蓄了，面色红润了，额头冒汗了，浑身有力了，又可以谈笑风生，意气风发了。

时至今日，每当香气逼人的汤饭上桌之时，人们依旧会忍不住发出一声赞叹，好香！益气补肾的新疆羊肉、养肝明目的胡萝卜、朴实和胃的土豆、绿肥红瘦的青椒、营养丰富的西红柿，各式各样的时令蔬菜如同众星捧月一般，与白嫩软滑的面片相携相伴……每个人盛上一小碗，肉烂汤浓，砌红堆绿，吃得有滋有味，脸上也会洋溢着一种满足。一碗不够，再来一碗，两碗下肚，通体舒畅，心满意足。一碗新疆汤饭的古道热肠，让味蕾与胃肠不再寂寞。

扁豆面旗子作为新疆汤饭中的一种，又被人们称为"扁豆旗花"或"雀舌头饭"，多作为农历二月二的传统民间小吃和节日食品。一碗正宗的扁豆面旗子里必不可少的就是扁豆，扁豆的别名有很多，鹊豆、火镰扁豆、藤豆、沿篱豆、查豆、月亮菜等指的都是它。一颗颗小小的扁豆不仅能给一碗面增添豆香，而且增添了丰富的营养。明代著名医药学家李时珍在《本草纲目》中记载："其实有黑白二种，白者温而黑者小冷，入药用白者。黑者名鹊豆，盖以其黑间有白道，如鹊羽也。"可见扁豆药食同补的功效早就被人们发现了。

提到扁豆面旗子汤饭，还流传着这样一段传说。相传在多年以前，新媳妇过门后的第二天都要为丈夫的一家老小做一餐饭。婆婆为了考验新媳妇是否贤惠有持家能力，就会说一些刁钻的饭菜名让儿媳妇去做，一是为了检验她是否聪明，二是为了考验她的厨艺。有位新媳妇过门的第二天清晨，向公婆问安后，婆婆就让她去做"黑麻糊抱金砖"。新媳妇领命后愁眉不展，在院子里转啊转，转到了磨房里。一位长工禁不住问她在找什么东西，新媳妇着急地说："婆婆让我做'黑麻糊抱金砖'，我不知道是什么饭，能不着急吗？"长工听了哈哈大笑，说道："这么简单的饭都不知道啊，我告诉你吧，就是'扁豆面旗子'！"见新媳妇还在发楞，长工接着说："黑麻糊就是扁豆，金砖就是面旗子，抱就是烩的意思，这是我们这儿家家都爱吃的一道贫民饭。"新媳妇一听羞红了脸，心想自己在家里不是也经常做嘛，于是赶紧跑进厨房忙活起来。

长工口中将扁豆面旗子称为"贫民饭"，其实也有据可查。在半个世纪以前，因为缺少食物，人们经常会拿一小把面揉和擀成薄薄的面皮，用菜刀切成细小菱形的薄片放进开水锅里，撒点盐，再放一些葱花和扁豆，煮熟后就汤吃。这种穷苦人家经常吃的汤饭，人们也叫它"贫民饭"。

现如今，扁豆面旗子经过数十年的变迁与发展，逐渐形成了它特有的模样。面中加盐和成硬面，擀薄切成菱形小块，待汤料制作好时放入这种手擀面制成的小旗子，出锅时，加入制作好的臊子，一碗面就成了。面旗子的汤都是事先熬制好的牛骨汤，臊子也是用肉丁、土豆丁、胡萝卜丁等精心炒制的。

这碗老人们口中的『贫民饭』，早已成为新疆大街小巷中的一道美味，深受人们的喜爱。

当把扁豆面旗子端上桌时，浓郁的香气扑面而来，舀上一勺慢慢品尝，筋道的面旗子、丰富的臊子、清香的扁豆混合着美味的汤汁，让人无比惬意！来一小勺面汤细细品味，在胡椒的作用下，美味浓郁的汤汁瞬间让人全身温暖。这碗老人们口中的"贫民饭"，早已成为新疆大街小巷中的一道美味，深受人们的喜爱。

当然，如今的扁豆面旗子再也不是"贫民饭"了，餐馆纷纷推出了各种特色菜和其他主食来搭配食用。如此一来，既丰富了面旗子的口感，又满足吃了一碗还意犹未尽的食客们。当在扁豆面旗子里加上油香和酸辣面筋，更是"绝配"！

有人说这道美食就像是小旗子一般迎风招展，也有人说这道美食就像是小白鱼一样游来游去，还有人说这道美食就像是雀舌一般小巧可爱……

从"雀豆"到"雀舌"，这道美食似乎天生自带着灵鸟的祝福，解决了旧时代人们的温饱，也满足了今天你我挑剔的味蕾，让幸福的味道布满舌尖。

回家之味

丸子汤

一碗汤羹，是延续千年的古老情结，也是亘古千年的文雅之风。

新疆的冬天寒冷而漫长。

四时皆宜的丸子汤，牛肉丸子搭配着粉条、粉块和青菜，热乎乎的一碗下肚，冬天里享用是再好不过的了。

新疆丸子汤做法讲究，以丸子鲜嫩可口、汤味鲜美而著称。过去是新疆人家宴压轴菜的丸子汤，如今也从小锅小灶里进入了市场，成为新疆人生活中随处可见的美食。

作为一名厨师，宋彦军有着多年制作丸子汤的经验。他把灶台当成了自己的舞台。

丸子汤的制作十分讲究。高汤、丸子、菜品搭配，每一样都不能马虎。熬制牛骨头高汤，需要足够的时间。用鲜牛肉制作丸子，则需要娴熟的技艺。

牛肉要剁到什么程度，才能保证丸子的筋道，对宋彦军来说再熟悉不过。剁好的肉里加入各种调料，顺着一个方向搅拌，这样捏成的丸子下锅，炸至金黄时捞出，口感外脆里嫩。

制作
过程

油塔子

蘑菇、冻豆腐、木耳、青菜，花花绿绿的配菜，看着都叫
人舒坦。

丸子汤上桌，一般都要配上几个油塔子。

油塔子也是一种地道的新疆美食，其形如塔，色白油亮，
面薄似纸，吃起来酥软可口。

从古至今，汤在人们心中的地位从未改变。

汤以水为传热介质，对各种烹饪原料经过煮、熬、炖、氽、蒸等加工工艺烹调而成，原料的营养成分多半已溶于水中，极易被人体吸收。因此，汤也和养生、药膳紧密地联系在一起，成为各种食物中最富营养、最易消化的品种之一。它所包含的烹饪技艺、调味功能和食疗作用，远非其他食物所能企及。用西餐餐前有"开胃汤"，而食中餐则讲究"几菜一汤"，中国汤文化真是多彩多姿。

中餐的汤

西餐的汤

古人应该在很早就懂得了如何"煮汤"。那时的人会在地上挖一个坑，铺上兽皮，在坑内放入水和要煮的食物。将烧热的石头投入坑中，使水变热，煮烂食物然后饮用，这就是最早的"汤"。

华夏厨祖伊尹

《黄帝内经》曰："五谷为养，五果为助，五畜为益，五菜为充。"而汤正是容纳百味营养精华的最好形式。人们解读古代的饮食，总会把汤摆在一个非常显著的位置，习惯称汤为"羹"。

"羹"为会意字，从"羔"，意为羹中有羊肉；从"美"，则表明羹之味道鲜美。作为中国历史上最早的一种美食，先秦文献中有不少对羹的记载。

有文字记载最早的羹是雉羹。传说距今四千多年以前，尧帝患病久治不愈，大臣们捉了三只雉（野鸡），加入稷米，熬羹给尧帝食用，尧帝不久就痊愈了。《史记·殷本纪》中记载，商汤初期中国历史上第一位贤能相国、帝王之师、华夏厨祖——伊尹，他用"调羹"（煮汤）的方式比拟"治国安邦"的道理，向君王纳谏，为君王所重用。后人为了纪念他，流传着"伊尹汤液"的说法。

"羹"字的小篆体

《礼记》中"凡进食之礼，左肴右馔，食居人之左，羹居人之右"则明确规定了汤羹的摆放位置。《后汉书》中不仅描述了富贵人家吃肉羹的场面，还记载了贫苦百姓食用菜羹的情况。这都反映了汉朝人羹食的普遍性。马王堆汉墓出土了一批竹简菜单和随葬汤羹，也展示了两千多年前的汤羹文化。

魏晋以后，汤羹品种与日俱增，不但入汤原料增多，烹调技艺升华，而且还展现出很强的人文色彩。除传统的肉羹和菜羹之外，又相继推出鱼羹、甜羹等。贾思勰的《齐民要术》记载了北方流行的各种汤羹，并对前代的汤羹做了扼要的记录和总结，可见，当时的汤羹烹调技术水平已经很高了。

唐宋以后，汤羹向高档和低档两个方向发展。《独异志》记载："武宗朝宰相李德裕，奢侈极，每食一杯羹，费钱约三万。"他食用的就算"高档"汤羹了。对生活清贫的百姓而言，菜羹仍是其主要盛馔。与此同时，"羹"文化也逐渐成为一种款待来宾的礼仪文化。为了显示尊敬，主人会亲手将调好的羹送至客人面前，就连帝王也以此来赏赐大臣。

陆游甜羹

东坡羹

在历代食客和文人的努力下，中国的"羹"已扩展为一种文化现象。"孔子厄于陈蔡之间，七日不火，食藜羹不糁。"后代学子为了表示自己安于生活清贫、品格清雅，常以"藜羹"为标识而自励，意在承袭先哲。而苏东坡亲手调制的"东坡羹"和陆游亲手调制的"陆游甜羹"也同样具有名人效应。

西式汤

时至今日，朴素外表的汤羹文化虽然从未张扬过自己，但却无声无息地渗透到每个人的生活之中。

经过数千年的发展，如今人们已经习惯把较稀的、汁液为主的副食称为汤，而较浓的则称为羹，或者合称为"汤羹""羹汤"。时至今日，朴素外表的汤羹文化虽然从未张扬过自己，但却无声无息地渗透到每个人的生活之中。

各种
中式汤

无论一顿饭多么好吃，汤作为最精彩的一道菜，总会十分深刻地留在人们的记忆中。汤，最主要的特点就是原汁原味、文火慢熬，突出食材本身的鲜美醇和之味。我们的祖先在创造"鲜"这个字时，就是基于"鱼""羊"合在一起熬煮后产生出的美味。而汤的制作也绝非一煮就成，它讲究每一个操作过程都十分精细，"菜好烧，汤难吊"是历代厨师的经验之谈。

汤从类型上可分为：奶汤、清汤和素汤三种。从原料上可分为：肉类、禽蛋类、水产类、蔬菜类、水果类、粮食类、食用菌类。从口味上可分为：咸鲜汤类、酸辣汤类和甜汤类。从形态上可分为：淀粉勾芡的浓汤、不勾芡的清汤和加入中药的食疗汤。中医认为汤能健脾开胃、利咽润喉、温中散寒、补益强身。饭前喝汤，可湿润口腔和食道，刺激胃口增进食欲。饭后喝汤，可爽口润喉，有助于消化，在诸多方面对人体的健康起到非常重要的作用。从煲汤、饮汤到品汤，不仅是人们的生活所需，更成为一种文化积淀。

鱼＋羊＝鲜

"鲜"字的小篆体

48

大酱汤

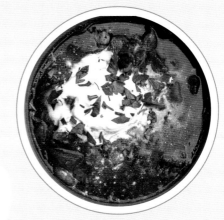

罗宋汤

奶油蘑菇汤

咖喱牛肉汤

味噌汤

蔬菜汤

作为一种饮食文化，各个国家都有各自特别喜爱的汤。俄罗斯的罗宋汤、意大利的蔬菜汤、法国的奶油蘑菇汤、美国的咖喱牛肉汤、泰国的冬阴功汤、越南的海龙皇汤、日本的味噌汤、韩国的大酱汤等。据美国《食谱大全》一书中记载，世界上共有一千多种味道鲜美的汤。

在中国，台湾的姜母鸭汤、香港的碗仔翅、上海的腌笃鲜、杭州的西湖牛肉羹、福建的花生汤、南京的鸭血粉丝汤、洛阳的驴肉汤、淮南的牛肉汤、山东的羊肉汤、广东的老火靓汤、湖北的排骨藕汤、东北的人参鸡汤、河南的胡辣汤、四川的酸辣汤、江西的瓦罐汤、山西的疙瘩汤……各地的汤品加起来绝对是味蕾上的一场盛宴。

鱼翅羹　　　　　腌笃鲜　　　　　鸭血粉丝汤

西湖牛肉羹　　　　羊肉汤　　　　　瓦罐汤

人参鸡汤　　　　莲藕排骨汤　　　　疙瘩汤

而新疆的粉汤、纳仁、汤饭、曲曲儿、缸子肉、鸽子汤、丸子汤、羊肉汆汤、五台杂烩汤等特色美味，可绝不仅仅是一道道汤品，而且是人们的主食。

丸子汤是从"九碗三行子"的基础上演变发展而来，是新疆人的至爱美味之一。

粉汤

九碗三行子

丸子汤

丸子汤的主角自然就是丸子了，每一颗手工肉丸圆润柔滑，象征着团团圆圆的美好寓意。关于丸子的起源，也有一个故事。稗史有记，秦始皇非常喜欢吃鱼，他在统一中国做了皇帝后，每餐必要有鱼，但又不能有鱼刺。有一天，厨师在制作御膳时，见到鱼，又胆怯又怨恨，就用菜刀背砸鱼发泄。一下两下，砸着砸着，他惊奇地发现，鱼刺鱼骨竟然自动露了出来，鱼肉成了鱼茸。正在这时，宫中准备传膳了，厨师急中生智，拣出鱼刺，顺手将鱼肉茸捏成丸子，不假思索地投入已烧沸的汤中，余成了丸子。不一会儿，一个个色泽洁白、柔软晶莹、鲜嫩飘香的鱼丸浮于汤面上，一道新菜品诞生了。

品尝了新菜，秦始皇十分满意，就问这道菜叫什么名字，厨师一时语塞。于是秦始皇说："那就由朕来赐名。"他见碗中其数为九，就随手写下了"九"字，又看着每颗肉丸都是用一点点鱼肉搓成圆圆的形状，遂又加了一点，便成了"丸"字。可是怎么读呢? 秦始皇灵机一动，盛在碗里，就与"碗"同音吧。这样，就有了现在"wán"的读音，也有了如今的"丸子"。后来，这道菜从宫廷传到民间，被人们称为"氽鱼丸"或"鱼丸"。

丸子汤的主角自然就是丸子了，每一颗手工肉丸圆润柔滑，象征着团团圆圆的美好寓意。

小篆

隶书

小篆

隶书

后来，人们将制作鱼丸的方法举一反三，发扬光大，逐渐制作出以鸡肉、牛肉、羊肉、猪肉、海鲜等各种肉类为原料的肉丸子，用豆制品、蔬菜等制作出的素丸子，以及用米面等粮食制作出的糯米丸子、大米丸子、小米丸子，这其中最有名的当属元宵。此外，在丸子的烹饪方法上也更加多元，炸的、煮的、清蒸的、红烧的等等不一。究其原因，也许正因为丸子除了圆圆的外形卖相喜人外，各种各样的食材都可以融入其中，包罗万象，口味众多。

手工珍珠丸子

鱼丸

元宵

四喜丸子

丸子不仅包含着中国人对美好生活的向往，也寓意多子多福、人丁兴旺、圆圆满满、和和美美。现在人们常吃的火腿肠、午餐肉、鸡蛋卷等无不是受丸子的影响，有着异曲同工之妙。

新疆丸子汤的做法十分讲究，以汤清味厚、咸香味美、肉丸松软、清香爽口而著称。可以说，一碗汤的成败也全系在丸子上。做丸子得有绝活，绝不是把牛肉剁碎了捏成团那么简单，而是要用新鲜的嫩牛肉入料，耐心地将其制成肉泥，加入调味品拌匀后，用手挤成肉丸。再经过高温油炸至外脆里嫩、透着肉香时，将丸子放入炖好的牛骨汤内。牛骨汤的制作也十分讲究，要将新鲜的牛骨头慢火熬制四小时左右，直至将骨汁、骨油、骨髓、骨膜、骨肉熬至最佳状态。在烹制牛骨汤的过程中，还需加入多味中草药进行调味，这样熬制的汤底不仅具有独特的浓香口感，补钙效果也极佳。

丸子汤将牛肉丸子、牛骨汤与牛肉片、粉块、粉条、冻豆腐、蘑菇、木耳、时令蔬菜等食材的精华充分相融，香糯、爽滑、鲜嫩……多种口感混合在一起，有荤有素，搭配合理。

丸子汤的绝配是油塔子。油塔子是用白面、羊油或牛油制成的，油多而不腻，香软而不粘。上桌时，先品一口鲜爽的浓汤，让整个身体都暖和起来；再夹上一颗焦黄筋道的牛肉丸，配上一口吸足了汤汁的冻豆腐；用筷子轻提起半个松软清香的油塔子，一圈一圈不粘不断，泡到丸子汤里，趁着它吸满汤汁但还没泡化，快速夹起来塞到嘴里。一口就足以让味蕾兴奋起来，令人惊艳。这样有汤、有面、有肉、有菜的一份小吃才算有了正宗的新疆味道！

饮食文化是一个城市重要的组成部分，民风民俗也随着圆润润的牛肉丸子、热腾腾的牛骨头汤、滑溜溜的粉条粉块、蓬松松的鲜冻豆腐、绿油油的时令蔬菜、油花花的浓郁汤汁融入百姓的一日三餐之中，伴随着生活在这里的人们度过悠悠岁月。

这种美食，赋予了平平淡淡的柴米油盐一种莫名的仪式感。这种"回家"的味道，是最温暖的幸福的滋味。

喀什至宝

鸽子汤

一碗浓汤，静守着生活与岁月的点滴幸福。时光温柔，清炖慢煮，令人怀古追远，养性怡情。

新疆有足够辽阔的地域。

从乌鲁木齐到喀什，乘坐飞机，需要一个半小时左右才能
抵达。

地域的广度，决定了气候环境、生活习俗的多样性。

作为新疆唯一的国家历史文化名城，独特的民俗风情、文
化艺术和建筑风格，给喀什增添了无穷魅力。

这里也是美食荟萃的所在。

大街小巷、大小巴扎，有人的地方便有美食。

青烟缭绕，烤肉的香味四处飘散，还有烤鱼、清炖羊肉、烤包子……它们共同构建出舌尖上的美食。

大街小巷、大小巴扎，有人的地方便有美食。

缸子肉

烤包子

羊蹄

肚包肉

薄皮包子

喀什大馕

酸奶粽子

凉粉

烤羊肉串

烤鸡

在喀什，鸽子肉是一种深得当地人偏爱的肉食。

鸽肉，无论是用来做烧烤还是炖汤，喀什人都颇有心得。

鸽子汤在喀什比较常见，乳鸽酥烂入味，配上同样酥软的鹰嘴豆，再来一碗加入鲜美汤汁的细面，就是一顿别具风情的美味。

买买提在喀什开着一家鸽子汤店，他的手艺在当地小有名气。

但他今天的心思不在生意上。

天气渐凉，他准备为儿子做一锅鸽子汤。

热性滋补的鸽子汤，特别适合老人和小孩食用。

做一份鸽子汤，工序并不复杂。买买提熟练地洗净鸽子，将其放入滚水里，加入料酒、姜片、葱段去腥，又放进适量的当归、黄芪、枸杞和红枣，这些能保证炖出来的鸽子汤不仅营养丰富，而且带着甜丝丝的香味。

制作过程

挑选鸽子，当日宰杀。

准备红枣、姜片、葱段、
花椒、当归、枸杞等配料。

炖煮。

炖好的鸽子汤香气弥漫。

此时的喀什，天高云淡，阳光明媚。

喝鸽子汤的孩子，脸上洋溢着喜悦，像极了买买提年幼时候的样子。

买买提的父亲，也曾像今天的自己这般，常常沉默不语，却将所有心意，都倾注在温热的汤里。

这里，有蓝天白云、辽阔牧场；这里，有戈壁沙滩、蜿蜒溪水；这里，有大漠胡杨守望古城；这里，有袅袅歌声传遍四方。

这里，是鸽子之城——喀什。

作为历史上著名的"安西四镇"之一、古丝绸之路要冲，喀什的历史文化与少数民族风情璀璨夺目。历经岁月的打磨，这座历史文化名城，有着属于这里的传统风俗——养鸽。

喀什当地人酷爱鸽子，在老城的屋顶上都会建鸽子棚。只要有鸽群环绕飞行，房顶上有人挥舞着带布条的木杆，那里一定就有养鸽人家。据说，在喀什，养殖鸽子，已经有一千多年的历史了，由于这里属于暖温带大陆性气候，日照时间长，气候干燥，土地资源充足，能完全满足鸽子"喜光不喜阴，喜干不喜潮，喜静不喜闹"的养殖条件，使得这里的人们与鸽子结下了千年之缘。

体态优美、性情温顺的鸽子，是很早就与人类结友的动物之一。

体态优美、性情温顺的鸽子，是很早就与人类结友的动物之一，被人们称为飞奴、鹁鸽，是东西方文化的宠儿。从古文明发祥地之一的美索不达米亚平原出土的文物证明，早在公元前4500年的艺术品上，就刻画有鸽子的形象。

现代雕像

1950 年，为纪念在华沙举行的世界和平大会，毕加索画了一只衔着橄榄枝的飞鸽，当时智利著名诗人聂鲁达把它命名为"和平鸽"。此后，这一经典形象被公认为世界和平的象征，成为人类的共识。

1896 年国际奥委会做出在奥运会开幕式上放飞鸽子的决定，从此这就成了一个传统仪式，沿袭至今。现今，每逢重大的庆典活动，总少不了鸽子的身影，人们通过放飞鸽子，来表达喜悦的心情和对和平的期盼。除了东西方文化对鸽子象征和平的共同认知外，鸽子在西方文化中还象征着爱情、平等。在婚礼上，鸽子会从满面笑容的新婚夫妇手中飞走。在学生的毕业庆典上，孩子们会用放飞白鸽来表达喜悦的心情和对未来的希望。

毕加索的《和平鸽》

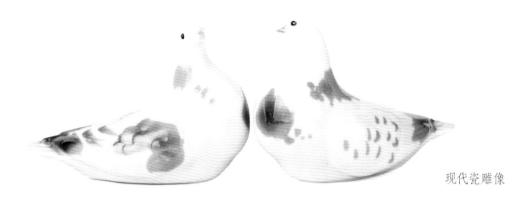

现代瓷雕像

在东方，鸽子还寓意着信义、和睦。作为世界文明古国之一，中国有着悠久的养鸽历史，中国人从商代就开始饲养鸽子。在河南殷墟妇好墓出土的玉器中，有一件用玉雕成的鸽子，嘴短、头圆、眼皮宽，形象接近人们饲养的观赏鸽而非野鸽。可见在 3000 多年前，中国人已经开始饲养鸽子了。此外，在考古发掘的古陶器中，也发现了家鸽在住宅墙上筑巢的庭院模型。

有关鸽子的文献记载，始见于《周礼》。书中记载："庖人掌共六畜、六兽、六禽。"郑玄在《注疏》引注："六禽：雁、鹑、鷃、雉、鸠、鸽。"可见，在西周时期，王侯之家便已开始饲养包括鸽子在内的"六禽"供己享用。战国时期，《越绝书》记载："蜀有花鸽，状如春花"，首次用形象的语言描述了鸽子的形象。

鸽子被视为祥鸟，来自汉高祖刘邦避难的传说。在古真定府临城县（现位于河北石家庄之南），有一处荒弃多年的古井，井壁上岩石脱落，形成许多罅隙，野鸽就在井壁上栖息，故名"鹁鸽井"。据《畿辅通志》记载，楚汉之争时，项羽大军紧追刘邦，刘邦无奈藏匿于枯井之中。楚军追至，见井围之上立有双鸽，以为井中无人而未搜寻，刘邦化险为夷，后来成就了一番霸业。

现代抽象丙烯画

信鸽

鸽子是信义的象征，救刘邦是"义"，能代人传递资讯则是"信"。自唐代开始，古人用鸽子作为通信工具就有了明确的记载。五代王仁裕的《开元天宝遗事》中有一则故事名为《传书鸽》，记载有："唐朝宰相张九龄少年时，家养群鸽。每与亲知书信往来，只以书系鸽足上，依所教之处，飞往投之。"因张九龄给信鸽起了个"飞奴"的外号，从此"飞鸽传书"遂被称为"飞奴传书"。唐人不仅喜爱养鸽，画鸽之风也颇为盛行。流传下来的鹁鸽图就不止一幅。

到了宋代，喜爱养鸽者只增不减，《宋史》《齐东野语》等书中均记载有人们将鸽子用于军事通信。鸽子身上的勇敢与忠诚，使它和军犬、军马一起，受到全世界军人的尊敬。

明代时期，鸽子的艺术形象更加丰富多彩，还出现了世界上最早的鸽文化专著——《鸽经》。张万钟在此书中不仅详细描述了中国家鸽的花色、品种、饲养技术，还广泛搜集了有关鸽子的历史典故及诗词歌赋，使人们对鸽子的吉祥寓意有了更深层次的理解。

鸽子身上的勇敢与忠诚，使它和军犬、军马一起，受到全世界军人的尊敬。

到了清代，宫廷画家多用工笔、彩绘等方式描画鸽子，给人以美的享受，颇具艺术价值。近代时期，著名画家齐白石是画鸽子的高手，他笔下的鸽子英姿勃勃、体态各异、形神俱佳、活灵活现，多取"和平"之意，与毕加索所画鸽子有异曲同工之妙。1956 年、1957 年，齐白石先生在他 92 岁和 93 岁时又分别画了两幅《和平鸽》，通过鸽子寄托了对和平生活的美好祝愿。同样在 20 世纪 50 年代，毛泽东、周恩来两位伟人前往湖南长沙，途经橘子洲时，毛泽东即兴出上句："橘子洲，洲旁舟，舟行洲不行"。周恩来遥见天心阁飞出群鸽，下联即成："天心阁，阁中鸽，鸽飞阁不飞"，留下唱和佳对。到了现代，"神舟六号"发射升空时带着"和平鸽"，意喻海峡两岸的和平与统一。

故宫馆藏《鹁鸽图》

现代水彩画

齐白石 92 岁画作《和平》

从吉祥象征到通讯信使，从美味佳肴到家养宠物，鸽子在人类的生活中扮演过相当多重要的角色。人们对鸽子种类的统计也不尽相同，《动物的大世界百科》介绍，地球上的鸽子有 5 个种群，共计 250 个品种；《万有大事典》则记载，鸽科的鸟类多达 550 种。如今，世界各大洲都有各自的野生鸽和家养鸽。人们利用鸽子有较强的飞翔力和归巢能力等特性，经过长期实验和筛选，培育出玩赏鸽、竞翔鸽、军用鸽、实验鸽、食用鸽等多个品种。

新疆喀什主要以培育玩赏鸽、养殖食用鸽为主。每逢周末，鸽子巴扎都是最热闹的地方，养鸽爱鸽的人们会从周边乡、镇、村赶着毛驴车、骑着电动车、开着私家车一股脑儿地涌向鸽子巴扎。在这里，大家可以通过交易的方式获得自己心仪的鸽子，也常常把各家的鸽子放在一起相互交流经验。在鸽子巴扎中，几乎可以看到喀什地区所有品种的鸽子。

当地人不仅有养鸽的传统，也有吃鸽的习俗。俗话说"一鸽胜九鸡，无鸽不成席"，这句话在描述鸽肉营养价值丰富的同时，也说明了鸽肉在餐桌上的重要性。烤鸽子、卤鸽子、大盘炖鸽子、鸽子拌面、鸽子抓饭等当地特色美味，皆因鸽子肉这种食材而愈发活色生香。

卤鸽子

烤鸽子

据《本草纲目》等药典记载，鸽肉有益气补肾、生肌活力、清热解毒、生津止渴等功效；加之，鸽子肉少脂肪多蛋白，肉质细腻，口感鲜嫩，野味十足，令人回味无穷，极受人们欢迎。

鸽子汤也是餐桌上的美味，为了尽可能将其精华保留下来，喀什当地人在熬制鸽子汤时非常讲究。要精挑细选每样食材，当归、黄芪、枸杞、红枣、山药等中草药使鸽子汤药食两用的作用发挥到了最大程度。热性滋补的鸽子汤，在凉秋和寒冬都可养心安神。

在喀什当地人的餐食中，很多食物都会佐以鹰嘴豆来提升本身的营养价值，鸽子汤也总是与鹰嘴豆相伴。鹰嘴豆又被称为"天山奇豆""豆中之王"，喜欢生长在相对寒冷且干旱的气候中，属低糖食物，对高血压、高血脂和糖尿病人群有益。

纯肉鸽要用文火慢慢煮。因鸽子的骨内含有丰富的软骨素，可与鹿茸中的软骨素相媲美，所以选择合适的炖煮方式，可以起到很好的滋补作用。揭开锅盖的瞬间，鸽子汤香气四溢。

有别于传统汤品的盛装方式，采用肉与汤分装鸽子汤。一份鸽子配一碗鸽子汤，这碗鲜汤绝对是美味的精华。汤中的每一味配料经过精确到克的计量，不多一克盐也不多一滴水，这就是喀什鸽子汤好吃的关键所在！

经由汤汁润泽的细嫩鸽肉入口既鲜又爽。呷一口带有当归、黄芪、枸杞、红枣清香的热汤，让美味从口腔延伸至胃中，回旋，温暖。

游走在喀什的繁华街道，鸽子之城让人感受着现代古城的日益变迁，感受着当地人的惬意生活，也感受着巨变中的中国带给人们的满满的获得感和幸福感。

敬畏茶餐

包尔萨克

一盘『马背上的早餐』，给人带来的不仅仅是饱腹的满足，更是内心的温暖陪伴。

一日三餐。享受一顿美味的早点，是新的一天正确的开启方式。

新疆人的早餐丰富多样，既有小笼包、稀饭、豆腐脑这样的中式风味，也有馕、烤包子、奶茶这样的本地特色。

包尔萨克，原是哈萨克族传统的美食，每逢节日盛宴或是客人到来时，才会被端上餐桌。哈萨克族牧民热情好客，一盘包尔萨克、一碗奶茶，是他们招待客人的方式。

随着经济社会的发展，很多早餐店也开始专门制作包尔萨克，包尔萨克和奶茶搭配，渐渐成为新疆早餐文化的一道风景。

叶勒生就开了一家这样的早餐店。他曾在北京、上海、厦门等地做过职业模特。工作时间不稳定，饮食不规律，等年龄稍大一点，他便回到乌鲁木齐，开了一家名为"包尔萨克"的早餐店。

天刚破晓，叶勒生已经开始忙活。

切好的面片，放进热熟的油锅中，要炸得金黄圆润，包尔萨克才有一个好的卖相和口感。等到包尔萨克起锅，它的最佳搭档奶茶已经在壶中煮开，奶白的汤色，四溢的茶香，让早餐店显得烟火气十足。

搭配着酥油、苏子白（一种用牛奶制作出的奶油状乳制品，与酸奶相似，口感微酸）、玛琳娜酱和黑加仑酱，包尔萨克香脆外皮下包裹着的甜蜜味道，才能发挥到极致。

好友唐宝大早上就来到了店里，等待美食出锅。在这座城市，有无数像唐宝一样怀揣梦想的普通人，在为生活打拼奋斗。

他们从故乡启程，一头扎进更大的世界。无论走得多远，味觉上的思念一直根深蒂固。

熟悉的故乡味道，带来的不仅是口腹之欲的满足，更是内心深处的温暖。

熟悉的故乡味道，带来的不仅是口腹之欲的满足，更是内心深处的温暖。

回到新疆的叶勒生，敏感地发现时代之于故乡的改变。

他和离家远行的唐宝一样，通过一顿早餐，勾起关于故乡的共同回忆。

这或许就是，成长的代价。

望见窗外人家的袅袅炊烟，闻见桌前包尔萨克的缕缕清香，眼前是父母亲忙碌的身影，耳旁是毡房里亲友的笑语……

包尔萨克，这道历史悠久的美食，出现次数最多的是在幸福的婚礼上、欢乐的节庆中、热闹的家宴里，之所以如此被重视，因为它体现着哈萨克族的热情好客和淳朴善良。

哈萨克族又被称为"马背上的民族",对于哈萨克族而言,马儿就是翅膀,草场能让他们尽情翱翔。游牧时,他们逐水草而居。长期的游牧生活让智慧的先民们发明了不少易携带、耐储存的美食,偏爱面食的哈萨克族人用小麦制作出各种不同的美食来丰富自己的味蕾,包尔萨克就是其中的一道,富有草原风情。

包尔萨克,意思是油炸的点心。制作包尔萨克是哈萨克族妇女必须掌握的生活技能。她们会用酥油、牛奶、鸡蛋、发酵粉和面,等面发好后,搓揉擀成薄饼,切成长宽四至五厘米的小菱形或长方形,放入沸腾的油锅中。食油会迅速将面块加热,使面块变得蓬松酥软,待面块被炸至两面金黄时即可出锅。制作方式看似简单,却满藏心思。她们也会根据家人的口味,在面团里加入黄油、奶酪、果酱等创造出独属于自己的秘方。

炸好的包尔萨克香气四溢、表皮酥脆,内里却是软嫩嫩的,用手轻轻按下去,表皮立马就能弹回来。包尔萨克的味道和油饼或油条有几分相似,咬下去的第一口,松软酥脆,却不会掉渣。细细咀嚼,会在软糯的口感中慢慢尝出一点点甜,还有一点点咸。

制作过程

准备酥油、鸡蛋、
面粉等食材。

和面。

擀成薄饼，切成面块。

炸至金黄出锅。

将包尔萨克轻轻撕开，可以与酥油、咸菜、辣酱相配吃，也可以与蜂蜜、奶油、苏子白相配吃，还可以与杏子酱、黑加仑酱、玛琳娜酱等果酱相配吃，在酸甜咸辣间让人感受着包尔萨克的别样滋味。这份美味热量虽高，但食材所含全是健康脂肪，大可以放心地大快朵颐。

还有一种包尔萨克，被称为"托盖包尔萨克"。这种包尔萨克是圆形的，如乒乓球般大小，有的还会更大些。如今较为少见。

牧民们在制作包尔萨克的方式上略有区别，可是他们的食用方式则完全一致。那就是，吃包尔萨克时一定要与一碗汤色黄白、茶香四溢、味道醇香的奶茶一同享用。草原奶茶是所有奶茶的鼻祖，纯正又天然。在碗底放一点盐、鲜奶和奶皮子，加入烧沸的浓砖茶，依照个人口味添加开水调节浓淡。现煮现沏，滋味最妙！

包尔萨克配奶茶就像油条配豆浆、包子配稀饭一样，一个都不能少。有人说，包尔萨克离不开奶茶，奶茶也离不开包尔萨克。它们就如同一对相携相伴的夫妇，合谐地搭配在一起。

也有人说，哈萨克族人离不开包尔萨克和奶茶，包尔萨克和奶茶也离不开哈萨克族人。他们就像孩子依赖着父母的肩膀，海豚依赖着大海的浪花，彼此依靠，唇齿相依。

包尔萨克在哈萨克族人的食谱中既是主食，也是老少咸宜的小吃。当大家翘首以盼正餐的时候，吃上几个包尔萨克，香甜的味道能刺激味蕾，促进消化液的分泌，是很好的开胃点心。

哈萨克族人喜欢吃肉，包尔萨克能和肉食很好地互补，维持人体营养的平衡。妇女们聊天、男人们谈事时，也都会一边喝着奶茶，一边吃着包尔萨克，正如哈萨克族人的生活方式一样，恬淡自在，随遇而安。

他们就像孩子依赖着父母的肩膀，海豚依赖着大海的浪花，彼此依靠，唇齿相依。

圆滚滚、金灿灿的包尔萨克还有一种用途，会作为主角之
一出现在哈萨克族人遇到喜事举行的"恰秀"上。"恰秀"
是一种祝福形式，人们会在一块彩色毯子上堆放好包尔萨
克、酸奶疙瘩和糖果，由四位少女各持毯子的一角抬到一
位德高望重的哈萨克老妈妈面前。此时，欢聚的人们围坐
在草地上，老妈妈会向大家抛撒包尔萨克、酸奶疙瘩和糖
果，向人们表示祝福。欢腾的草原上，人们纷纷追逐哄抢，
多抢多吃便是多福。

包尔萨克之所以能受到哈萨克族人的推崇及喜爱，源于
它的烹饪方式——油炸。油炸是我国传统的烹饪方式之一，
无论是逢年过节的炸麻花、炸春卷、炸丸子，还是早餐中
的油条、油饼、油香，抑或是炸薯条、炸鸡⋯⋯

小锅小灶
XIAOGUO XIAOZAO

对于拥有约百万年用火历史的人类来说，"油炸"是时间和温度的艺术。油炸的食物香味和酥脆口感也是全世界通用的美食语言。油炸的食品不仅具有鲜亮的色泽，更具有蒸煮食物所不具备的烟火醇香。

关于包尔萨克的传说故事较为少见，但是我们或许可以从与它一脉相承的油条的民间故事中窥见端倪。

相传在南宋时期，秦桧和他的老婆王氏设计陷害岳飞元帅的消息刚一传开，百姓们个个恨得咬牙切齿，酒楼茶馆、街头巷尾都在谈论着此事。此时，在众安桥河下卖芝麻葱油烧饼的王二和卖油炸糯米团的李四也在条凳上聊起了这件事。

李四捏起拳头在条凳上用劲一捶："卖国贼！我恨不得把他们……"王二听了嘻嘻笑地说："哥，你别急，看我来收拾他们！"说着，他从面盆中揪了两块面疙瘩，捏捏团团，团团捏捏，捏出了一个吊眉大汉、一个歪嘴女人两个面人。他抓起切面刀，往那吊眉大汉的颈项上横切一刀，又往歪嘴女人的肚皮上竖砍一刀，对李四说："你看怎么样？"李四点点头说："不过，这还便宜了他们！"说完，他跑回自己的摊子，把油锅端到王二烤烧饼的炉子上，又将那两个斩断切开了的面人重新捏好，背对背地粘在一起，丢进滚油锅里去炸。李四一面炸面人，一面大叫着："大家来看油炸桧喽！大家来看油炸桧喽！"

传说故事《岳母刺字》

过往的行人听见"油炸桧",都觉得新鲜,迅速围拢过来。大家看着油锅里的两个面人,被滚油炸得吱吱作响,就明白是怎么回事了。他们也都跟着叫起来:"快来看呀,看呀,油炸桧喽……"不久,这件事情就轰动了临安城,人们纷纷赶到众安桥,都想尝一尝这"油炸桧"的味道。李四索性不做糯米团了,就把油锅搬了过来,和王二并作一摊,开始合伙制作"油炸桧"。

由于"油炸桧"是背对背的两个人,但面人要一个一个被捏出来,做一个"油炸桧"得花不少工夫。于是,王二和李四想出了一个简便的法子:他们把一个大面团揉匀摊开,用刀切成许多小条条。拿起两根,一根算是秦桧,一根算是王氏,用棒儿一压,扭在一起,扔到油锅里去炸,仍旧叫它"油炸桧"。老百姓当初吃"油炸桧"是为了表达愤怒,但一吃味道不错,价钱也便宜,所以吃的人也就越来越多。一时间临安城里城外所有的烧饼摊,都学着做起来,慢慢地就传遍各地。

受方言影响，"油炸桧"也被很多人叫成了"油炸鬼"（如今在某些粤语及闽南语地区仍叫油炸鬼）。

后来，人们看着"油炸桧"是根长条，就干脆叫它"油条"了。因为油条最早是在烧饼摊上做出来的，所以直到现在，各地都还保留着原来的习惯，烧饼和油条总是合在一个摊子上做。

民间流传的传说故事和谚语俗语，是劳动人民用自己朴素的语言讲述着人与社会的故事，表达着淳朴真挚的情感。

哈萨克族有很多关于待人接物的谚语，如："祖先留下的遗产，一半是给客人的""只要沿途有哈萨克毡房，走一年也饿不着""如果在太阳落山的时候放走了客人，那就是跳进大河也洗不清的耻辱"，等等。因此，生活在草原上的牧民遵循的是古老的生存礼仪，每当有客人到访时，热情的哈萨克族人都会第一时间奉上金黄酥香的包尔萨克和热气腾腾的奶茶加以款待。

每当有客人到访时，热情的哈萨克族人都会第一时间奉上金黄酥香的包尔萨克和热气腾腾的奶茶加以款待。

曾经有一个关于包尔萨克的真实故事发生在那仁牧场。有一年,几个牧民因为大雪提前降下,不得不匆忙转场。走了两天,吃光了所有食物,而脚下的路却似没有尽头。他们走到一户人家前,那家主人一看牧民们愁苦的表情便知道发生了什么,他让牧民们休息一晚,并保证第二天早上能让他们高高兴兴地上路。主人一家忙了一个通宵,炸出了成堆的包尔萨克。有了足够的食物,牧民们最终渡过了难关。等到这家人助人为乐的故事经口耳相传,再次传回来的时候,那位男主人却不好意思地说:"只要走在草原上,他们的事情就是我的事情,我的温暖也是他们的温暖。"

哈萨克族的饮食文化,就被这金黄色的包尔萨克深情地拥抱着。伴随着沸腾的油花和油炸的脆响,马背上的民族就这样世世代代地传承着家的味道。

把敬畏自然的感恩之心和朴实乐观的生活态度,都融在了一餐一茶的岁月中,刻在了一尺一寸的时光里,和着那冬不拉弹奏出的悠扬曲调,在辽阔壮美的草原上经久流传。

南粮北味

炒米粉

一碗炒米粉，融汇了最烈的味道，倾注了最真的诚意，盛放了最美的时光。

回家，是一个温暖而美好的心愿。

可以是漂泊多年，身体的回归，也可以是一道久违的美妙
滋味在舌尖重新绽放，就像文安迪的米粉店。

炒米粉，在新疆的美食谱系中，有着无可取代的地位。

粉条筋道，酱料香浓，辣味过瘾，奔放、重口的炒米粉，
似乎正是为匹配新疆人火辣直率的性格而生。

在新疆，没有什么吃的难题是一顿炒米粉不能解决的，如果有，那就来两顿。

对炒米粉的喜爱，早已深入新疆人的骨髓。

20 世纪 50 年代，文安迪的爷爷文忠福自贵州义边来到新疆，把做米粉的机器也带到了新疆，在乌鲁木齐市十月拖拉机厂的小食堂，烹制出了也许是第一碗的新疆米粉。

1986 年，文忠福的米粉馆——南方米粉馆开业，主营酱香味浓、辣味十足的炒米粉，开辟了新疆美食的新天地。

文安迪有自己的野心，他想让大家再尝尝小时候的味道。在他劝说下，母亲重拾父辈传下来的手艺。

文安迪给米粉店取名为"1982 米粉"，想用数字梗来表明找寻儿时味道的决心。

把纯大米的半干粉煮软，之后要浸泡两小时，这样吃起来，会有软滑香糯的口感；用安集海的辣椒熬制的秘制辣酱，是炒米粉味道的灵魂；可以随心搭配芹菜或者油白菜、泡菜，鸡肉或者牛肉。

所需
食材

将锅烧热后，依次放入辣酱、各种配菜和米粉，锅铲翻动，
几分钟之后，弥漫着香辣气息的炒米粉就被摆上了餐桌。

夜深了，结束了一天的忙碌，文安迪将准备好的凉开水递
给母亲。

难得的清闲里，母子俩享受着温柔的夜色。

有彼此的陪伴，才是最美的时光。

对于无辣不欢的人们来说，吃饭的时候必少不了辣味，不然吃起来，饭菜就会索然无味。麻辣火锅、麻辣香锅、麻辣烫等街头巷尾的辣味美食，也随着嗜辣一族的需求而变得日益增多。

有彼此的陪伴，才是最美的时光。

新疆炒米粉无辣不欢。

美味上桌，如筷子般粗细、嚼劲十足的米粉浸在浓稠辛辣、香气四溢的火红酱汁里，五色斑斓。挟起一条，辛辣的米粉酱香味扑鼻而来，胃口被彻底打开。吃一口滚圆的米粉，嚼一嚼，如同撮进了一团火，从舌尖到喉咙再一直燃到胃里，着实过瘾。鸡肉和牛肉味道香醇，让口中长久留香。如此美味，不论男女老少，吃完都会竖起大拇指。

辣,是新疆炒米粉的个性。为什么新疆的炒米粉会以"辣"作为自己的一大特色呢?那是因为新疆炒米粉采用的是正宗的新疆辣椒。

新疆空气干燥,光照充足,出产的辣椒个头较大、肉厚皮薄、味美色鲜。新疆辣椒在成熟后经过自然风干,不需要任何人工添加剂。辣椒与新疆人的生活密不可分。人们喜欢吃辣以抵御寒冷。在制作炒米粉时,厨师们通常会加入干红羊角辣子用以增色,使用干线辣子用来增香,炒入朝天椒用以增辣,再在配菜中加入些许酸或甜的配料,衬得辣味更劲爆。

粗，也是新疆炒米粉的又一大特色。将新疆美食量大、管饱、实在等特点尽显。米粉的原料以地产的大米为主料，在大米生粉中加少量玉米淀粉、土豆粉等用来增加米粉的韧劲。这样制作而成的米粉更有嚼劲，在保证口感软糯的同时又不失弹性，在锅里翻炒也不容易折断。

在刚开始流行新疆炒米粉的年代，米粉并没有那么粗，后来根据人们的喜好，米粉也就越做越粗，演变成了今天的模样。

酱，是新疆炒米粉味道的灵魂。新疆的米粉口味变化无穷，一百家米粉店就会有一百种味道，决定性的因素就是那一勺精彩绝伦的酱料。

每家米粉店的配方都是经过反复调配后才确定下来的，制作工艺也极其繁复。挑选辣椒、浸泡打碎、熬煮炒制、调料配比等，都有非常严格的标准，出锅后，辣酱再经过高温灭菌处理来保证存放的品质。酱料里除了有新疆地产的辣椒外，还会被加入香料和中草药进行调味，所以吃起来有种很独特的咸香味。

由此可见，新疆炒米粉追求辣子绝对最辣，新疆炒米粉追求米粉绝对最粗，新疆炒米粉追求酱料绝对最纯。这三个"最"，成就了新疆炒米粉的特色。

其实，烹制新疆炒米粉的年代并不长。和大盘鸡一样，都是天南海北的人来到新疆后，结合新疆本土特点改良创新出的"新兴菜"。鸡肉炒米粉和牛肉炒米粉作为新疆炒米粉最基本的打开方式，人们通常都会选择芹菜与它们搭配，这得益于厨师和创新者的慧眼识珠。

芹菜就像一个置身事外的隐士，无论外在的辅料有多么的喧宾夺主，它依旧会保持自己的低调本性。当人们吃一口辣味十足的米粉，再嚼一口芹菜，芹菜特有的清脆和清甜即刻就能解辣，可谓是恰到好处。

新疆南疆和北疆的炒米粉各不相同。南疆的炒米粉口味较重，辣味也比较重；而北疆的炒米粉则求口味变化，搭的配料也较多，以乌鲁木齐的炒米粉种类最为多样。

人们的饮食口味多样，野蘑菇炒米粉、金针菇炒米粉、鱼排炒米粉、蟹排炒米粉、海鲜炒米粉、小龙虾炒米粉、大盘鸡炒米粉、素炒米粉、拌米粉、汤米粉等系列美味相继问世。在米粉的辣味上也分出了微微辣、微辣、中辣、爆辣四个等级，人们可以根据自己的口味来选择。在传统的芹菜、油白菜、泡菜等配菜上，又增添了油麦菜、青笋、小竹笋、鸡腿菇等新品。

如今，炒米粉的种类变得更加多样，还可将米粉与年糕、宽粉、馕进行搭配、炒制。但是无论哪一种"神奇"的口味，炒出来的米粉皆是红彤彤的香辣诱人，引得食客大呼过瘾。

每个地方的米粉都有自己的"粉丝"，各地也都有关于米粉的不同传说。说起米粉的来源可以追溯到秦始皇时代。据说秦始皇为了统一中国，成就天下霸业，派了五十万大军远征岭南。由于秦军主要以北方人为主，习惯面食，而南方只产稻米，不产小麦，初来乍到的将士们因吃不惯大米白饭，战斗力大受影响。于是伙夫模仿北方面食的制作过程，南粮北做，将大米舂成粉，蒸后再搓成面条状，烹庖了今天誉满天下的"米粉"。

小麦

水稻

为了缓解北方士兵来到南方后出现的水土不服，当地人又将花椒、陈皮、草果、八角、桂皮、甘草等中草药熬成浓浓的汤汁，在每个士兵的米粉碗里添上一小勺。这种汤汁既好吃又能治病，这就是卤汁的雏形，后又历经厨师的加工改进，成就了风味独特的卤水。米粉加上独门配方的卤水很快形成了军中流行的米粉美食，在岭南地区盛行。

如今，米粉成为人们最为喜爱的美食之一，成就了各地不同特色的米粉文化。

每个人，都在追求更美好的生活。我们整装，启程，跋涉，抵达故乡之外的故乡。

小锅小灶里的滋味，是心底的牵挂，是陪伴，也是力量。它让我们走得再远，也不曾忘记回家的路。它让我们心中有山，就敢去翻越，心中有路，就敢去迈步。

如果说北疆更多地连接着草原文化，有骏马和歌声相伴，那么南疆则更多地连接着农业文明，有木卡姆和舞蹈相随。遍寻过"小锅小灶"的美食后才发现，原来美食是可以吃下去的幸福记忆，原来美食都有自己的翅膀，会"飞"出家乡，让更多的人对它们恋恋不舍。

扁豆面旗子、丸子汤、鸽子汤、包尔萨克、炒米粉……这些在丝绸之路中倔强生长的美食，将新疆的辽阔与大美、时光的沉淀与融合、现代的包容与多样，完美地集于一体，让生活趣味无穷。